AF316044

EXPOSITION CRITIQUE

DES PRINCIPES

DE

L'ÉCOLE SOCIÉTAIRE

Fondée par Fourier,

OU

RÉPONSE A LA 4e QUESTION DU PROGRAMME

ARRÊTÉ POUR LA 5e SECTION DU CONGRÈS SCIENTIFIQUE DE FRANCE,

PENDANT LA 9e SESSION TENUE A LYON.

Par Antoine-Gaspard BELLIN,

DOCTEUR EN DROIT, AVOCAT ATTACHÉ AU PARQUET DE LA COUR ROYALE DE LYON,

SECRÉTAIRE-ADJOINT DE LA SOCIÉTÉ LITTÉRAIRE DE LA MÊME VILLE,

MEMBRE CORRESPONDANT DE L'ACADÉMIE DE DIJON.

LYON,

IMPRIMERIE D'ISIDORE DELEUZE,

Imprimeur du Rhône,

RUE SAINT-DOMINIQUE, 13.

1841.

EXPLICATION CRITIQUE

DES OUVRAGES

DE

L'ÉCOLE POSITIVISTE

A MONSIEUR JOSEPH TISSOT,

PROFESSEUR DE PHILOSOPHIE A LA FACULTÉ DES LETTRES

DE DIJON.

MONSIEUR,

C'est l'usage de trop d'écrivains sans délicatesse de ne jamais prononcer le nom de l'auteur dont ils ont consulté les travaux avec fruit, ou, s'ils se décident parfois à citer un livre qui leur rappelle des obligations importunes, c'est pour ravaler de leur mieux le mérite de ce devancier qui les a si utilement précédés dans la carrière.

Je n'imiterai point cet exemple, et, loin de dissimuler les nombreux emprunts que j'ai faits à votre excellent ouvrage de *l'Esprit de Révolte* (1), je m'empresserai d'inscrire

(1) 1 vol. in-8°; Paris, Ladrange, libraire-éditeur, 1840.

1

votre nom en tête de ce Mémoire composé pour le Congrès scientifique de France, voulant à la fois vous donner un témoignage de ma vive et respectueuse affection, et en même temps prévenir le public que, s'il trouve quelque chose de bon dans cet écrit, c'est à vous seul qu'il doit en attribuer tout l'honneur.

GASPARD BELLIN.

EXPOSITION-CRITIQUE

DES

PRINCIPES DE L'ÉCOLE SOCIÉTAIRE

Fondée par Fourier.

———

MESSIEURS,

A peine l'esprit humain s'est-il mis en possession de quelque nouvelle conquête, que déjà il aspire à une plus grande somme de bien, comme si le but qu'il s'était proposé se fût évanoui pendant qu'il s'y acheminait. Ainsi, dans l'ordre politique, à peine sommes-nous revenus des commotions terribles qui ont amené la suppression des inégalités artificielles, en établissant l'égalité civile, que déjà l'activité humaine se révolte à la vue des inégalités sociales et naturelles, et cherche de nouvelles combinaisons pour faire disparaître celles-ci à leur tour.

Telle est, Messieurs, la cause véritable de cette inquiétude secrète menaçant notre société d'un bouleversement radical, dans son exigence implacable, l'appelant de tous ses vœux. Il semble, en effet, que chaque amélioration dans la position de l'homme, loin de calmer son impatience en le délivrant d'un mal, lui rende encore plus durs les autres inconvénients de sa condition, en y concentrant sa sensibilité morale. Voilà comment la pauvreté, l'infériorité de condition, et toutes les inégalités fatales et nécessaires de la société, sont aujourd'hui plus difficilement supportées qu'elles ne l'étaient autrefois, depuis que la liberté de l'homme a été mise en pleine possession d'elle-même et que rien ne s'oppose plus à ce que l'homme s'élève au premier rang, rien que l'inégalité des intelligences, des fortunes et des éducations. Et cette inégalité, qui ne peut plus être mise sur le compte de la constitution politique, qui ne peut se rattacher à aucune cause dépendante de la lettre écrite de la loi, qui est aussi inévitable que les différences de la nature physique et aussi indélébile qu'elles, cette inégalité ne se fait pourtant pas accepter par tout le monde, surtout par ceux qui ont obtenu une mauvaise place dans le partage de la naissance ou de la prospérité.

Un pareil état de choses ne pouvait échapper à l'attention des philosophes. Aussi, en présence de cette impatience et de ce mécontentement devenus si vifs de nos jours, et qui menacent à chaque instant de renouveler les scènes de la Jacquerie, non pas contre des seigneurs qui n'existent plus, mais contre tous ceux qui possèdent ; en présence de circonstances aussi graves, les philosophes ont recherché les moyens, les uns d'améliorer la condition de l'homme sur la terre, les autres de la rendre universellement heureuse au sein d'une prospérité éternelle et sans bornes : à cette dernière catégorie appartiennent les disciples de Saint-Simon et de Fourier. L'expérience des années qui viennent de s'écouler a fait justice des utopies du premier ; Fourier, au contraire, moins brillant à son début, moins ardemment accueilli par des disciples moins passionnés, plus conséquent peut-être dans son système, a été l'objet d'un culte plus durable et d'une admiration plus soutenue. Ses doctrines, d'ailleurs, n'ont pas été soumises à l'épreuve critique de l'expérimentation ; il ne faut donc pas s'étonner qu'elles aient conservé toute leur autorité théorique parmi leurs partisans, et qu'elles occupent encore grandement l'attention publique.

Plusieurs d'entre vous, Messieurs, se rappellent sans doute quelle foule se pressait naguère aux prédications du célèbre continuateur de Fourier, et combien les esprits se sont émus à l'annonce de la solution du problème social proposée par la nouvelle école. Le Congrès pouvait-il ne pas s'associer au mouvement général de curiosité à l'endroit des doctrines sociétaires ?

Votre comité d'organisation ne l'a pas pensé, Messieurs. Il a cru que votre réunion ne devait pas rester étrangère à ce grand débat qui se poursuit depuis bientôt vingt ans, et qui menace de se terminer par une réforme cent fois plus radicale que toutes celles du monde politique. Au milieu de tant d'engouement d'un côté et de tant de prévention de l'autre, que autre corps savant mieux que le Congrès, composé de l'élite de la France dans les sciences naturelles et morales, pouvait présenter assez de lumières et de garanties pour rechercher, à l'aide d'un examen sévère et impartial, si l'école sociétaire s'appuie sur des principes solides et raisonnables, ou bien si l'on doit classer ses enseignements au nombre de tant d'autres utopiques chimères, qui ont quelque temps alimenté la controverse pour aller s'ensevelir ensuite dans le silence des bibliothèques?

Le désordre moral, la présence du mal sur cette terre, la prédominance de la douleur sur le bien-être, ont de tout temps excité la sollicitude des philosophes. Aux uns, la contemplation de cet affligeant spectacle a fourni un argument en faveur de l'athéisme ; d'autres y ont vu, au contraire, une preuve éclatante de l'intervention, dans la destinée humaine, de la divine Providence, qui établira dans une vie future des compensations à tous les maux que nous endurons ici-bas. Mais, d'un côté comme de l'autre, on s'était peu occupé des moyens de répartir avec plus d'égalité les richesses entre les hommes, et de faire cesser cet état de lutte et d'antagonisme industriels qui se retrouve toujours au fond de notre société actuelle.

Fourier, né sur la fin du dix-huitième siècle, témoin de tous les grands événements qui se sont accomplis du vivant de sa génération, Fourier, frappé de l'instabilité des positions sociales élevées, de la condition précaire de la classe inférieure, s'est demandé si la destinée de l'immense majorité du genre humain le condamnait à l'indigence et à la douleur, et s'il ne serait pas possible d'améliorer l'état financier des pauvres sans rien enlever aux riches , problème téméraire et dont le seul énoncé excite l'incrédulité et la raillerie, mais que Fourier a toujours représenté comme facile à résoudre à l'aide des moyens découverts par son génie.

C'est de l'examen de ces moyens que nous devons nous occuper.

Mais, avant d'entrer en matière, il nous paraît convenable de faire connaître le point de vue dans lequel s'est placé le fondateur de l'école sociétaire pour élever sa théorie.

Frappé de l'inutilité de tous les efforts des philosophes pour rendre l'homme heureux par l'assujétissement des passions à la raison, Fourier s'est demandé si les passions étaient réellement mauvaises, dignes d'une défiance et d'une répression continuelles, ou bien plutôt si le désordre social n'avait pas pour cause une mauvaise organisation de la société, qui ne permet pas à l'homme de se livrer à un exercice intégral de toutes ses facultés. Une fois bien convaincu de la vérité de cette dernière proposition, Fourier dut se livrer à la recherche de combinaisons plus propres à faciliter le développement complet de toutes les puissances de l'homme, et à rétablir dans le monde moral cet équilibre et cette harmonie que nous admirons dans le monde physique : idée grande et hardie, mais dont la réalisation aurait pour résultat de rendre l'homme machine , de le rabaisser au niveau d'un animal intelligent, après avoir arraché de sa conscience cet attribut éminent de la liberté, qui le fait résister aux suggestions des sens avec courage, quelquefois avec héroïsme. Car, ôter à l'homme sa liberté, c'est détruire du même coup le caractère qui le sépare des autres créatures. Désormais il n'existe plus dans l'homme qu'un spectacle admirable de régularité et de periodicité, comme dans la nature physique, où l'ordre le plus parfait domine toujours invinciblement. Chaque force y obéit d'une manière invincible aux lois de son existence; là, jamais d'aberration, de déviation ni de crise : les planètes décrivent leurs courbes avec une docilité majestueuse et accomplissent leur révolution dans un espace de temps préfix et invariable. Les animaux mêmes, quoiqu'à un degré moins absolu, se livrent aux lois de leur nature et se laissent entraîner à leurs instincts sans résistance. L'homme seul est en lutte perpétuelle avec les passions qu'il apporte en venant au monde, et, loin que ce combat tourne à l'avantage de sa position, il y ajoute le tourment de ses efforts laborieux et inutiles. Donnez à ces forces, dangereuses quand on les comprime, une direction convenable, combinez-les de telle sorte qu'elles se développent sans obstacle, et vous aurez bientôt assuré au genre humain la plus grande somme de bien-être possible. Tel a été le raisonnement de Fourier. Il a voulu établir entre deux ordres de choses opposés une parité complète, et prendre pour guide l'analogie entre des classes de réalités entièrement opposées. Une fois ce point de départ adopté, faut-il s'étonner que cet esprit aventureux se soit laissé emporter à des écarts aussi vastes que son imagination était puissante?

Mais, ainsi qu'il arrive à tous les hommes de génie lorsqu'ils font fausse route pour s'être embarqués imprudemment sur un principe mal établi, Fourier a su dissimuler la faiblesse de ses doctrines par la grandeur et la plénitude de ses conceptions. Semblable à ces palais immenses dont tout le monde admire les proportions nobles et hardies, la distribution savante et logique; mais dont il faut mutiler l'économie pour les rendre propres à l'habitation, le système de Fourier, en s'acheminant vers une application matérielle quelconque, a dû subir de profondes modifications de la main même de ses plus dévoués partisans. Aujourd'hui ses disciples n'aspirent plus guère qu'à une association agricole et industrielle, et ils feraient bon marché de l'organisation domestique nouvelle et de tous les dogmes transcendants du fondateur. Ce n'est plus aujourd'hui ce système grandiose qui embrassait la destinée de l'homme tout entière, depuis le berceau jusqu'à la tombe; qui réformait les relations d'homme à homme telles qu'elles existent de par la morale et la société; qui ramenait l'équilibre entre les saisons et corrigeait les climatures au point de procurer à Philadelphie et à Pékin la température de Naples; qui, en faisant disparaître les maladies de tous genres, doublait la carrière la plus étendue de l'homme civilisé; qui dissipait les terreurs inséparables de la mort en affermissant la foi en une vie future; qui reconnaissait, dans les aurores boréales, les signes précurseurs d'un nouvel enfantement de la terre en travail de donner la vie à des races encore inconnues, et destinées à l'usage des générations harmoniennes, telles que des anti-baleines, des anti-lions, des anti-hippopotames et autres antidotes vivants des espèces malfaisantes (1); et qui fixait, enfin, une époque fatale où devait s'ac-

____

(1) *Association domestique agricole*, tom. 1, pag. 529.

complir une autre création sur les débris de ce globe foudroyé après la révolution de plusieurs périodes millénaires : système brillant comme les rêves d'une imagination poétique et puissante, mais que les successeurs de Fourier ont eu le bon sens de ramener à des proportions moins ambitieuses, de peur d'exciter l'incrédulité et de discréditer la partie scientifique et raisonnée, par le voisinage de chimères ridicules accessibles seulement à la foi robuste d'adeptes pleins de ferveur.

Cependant, ainsi que nous le disions tout-à-l'heure, le système de Fourier porte l'empreinte du génie de son auteur; et, bien qu'il ne nous paraisse pas appelé à recevoir la réalisation complète que son auteur lui a prédite, l'influence qu'il a exercée sur les esprits, l'agitation qu'il a produite et les discussions qu'il a provoquées témoignent assez de l'ensemble et de la solidité qui ont présidé à sa conception. Nous ne croyons donc pas qu'il doive être légèrement traité, à l'aide de la dérision et du sarcasme. Sans doute la nouvelle organisation sociale n'obtiendra jamais les honneurs d'une représentation sérieuse, parce qu'elle repose sur une base fausse, parce qu'elle interdit à l'homme, d'une manière indirecte, l'usage de la liberté, le plus éminent de ses attributs psychologiques, en lui enlevant toute occasion de l'exercer; mais il n'en est pas moins vrai de dire que l'hypothèse de Fourier présente les combinaisons les plus ingénieuses et les plus hardies à la fois, pour arriver à un résultat d'une haute philanthropie, faire cesser l'antagonisme d'homme à homme en confondant tous les intérêts dans une grande association universelle, mais impraticable.

Du reste, malgré leur hardiesse et leur étrangeté subver-
sive, la portée de ces doctrines ne fut pas aperçue dès le premier
moment de leur apparition : c'est que le caractère profondé-
ment pacifique de Fourier rassurait le pouvoir contre l'esprit
essentiellement novateur de sa théorie. D'ailleurs, les hommes
aventureux et partisans-nés de tous les bouleversements né
s'en étaient pas encore emparés, et n'en avaient pas fait un
signe de ralliement et un cri de révolte (1). Personne ne s'était
encore ému de ces nouveautés inintelligibles et perdues dans
un dédale de préfaces, d'avant-propos et de préliminaires. On
ne s'inquiéta donc guère de cette stratégie morale dont il fal-
lait rechercher les principes dans deux énormes volumes, que
l'auteur lui-même ne donnait que comme une sorte de pro-
spectus de sa découverte, et il ne faut pas s'étonner que le
Traité d'association domestique-agricole soit sorti des presses
d'un imprimeur du roi en 1822, à une époque où les innovations politiques n'étaient pas très-favorablement accueillies,
loin d'être encouragées. Mais il faut se rappeler aussi que
Fourier promettait de ne porter aucune atteinte ni au trône,
ni à l'autel, de faire régner une paix perpétuelle sur la terre,
de payer en six mois la dette publique ; et enfin, par-dessus
tout, qu'il prodiguait les plus amères censures aux philoso-

(1) Voir lettre de Moulines, inculpé dans l'attentat des 12 et 13
mai 1839, à son complice Maréchal :

« Des rassemblements se forment, et de sourdes rumeurs dans les-
« quelles on entend des cris de liberté et de patriotisme, de répu-
« blique, *d'harmonie fouriériste*, etc., circulent. »

Moniteur du samedi 15 juin 1839, *pag.* 9728.

phes et aux libéraux, deux sortes de gens également odieux à cette époque.

La lecture de ce dernier ouvrage nous a été d'un grand secours pour l'analyse du système de Fourier, tel qu'il l'a primitivement conçu, parce que c'est là que ses doctrines existent dans toute leur intégrité, avec leurs combinaisons les plus ingénieuses comme avec leurs absurdités les plus révoltantes, tandis que dans les livres de ses disciples, surtout dans les publications les plus récentes, on ne donne pas le dernier mot de la théorie sociétaire, de crainte d'effaroucher des esprits qu'on veut apprivoiser par degré à cette grande réforme, en leur soumettant d'abord des projets d'améliorations agricoles et industrielles.

Ici, Messieurs, et avant d'entrer en matière, nous éprouvons le besoin de payer un juste tribut de reconnaissance et d'éloges au philosophe éminent dont les travaux ont facilité nos recherches et nous ont permis de nous livrer à l'examen de cette question transcendante. Nul n'avait avant lui étudié avec autant de soin l'hypothèse sociétaire : tous ceux qui avaient touché à ce problème difficile s'étaient bornés à une admiration ou à un dénigrement systématiques, comme disciples ou comme ennemis. Le premier, M. Tissot, professeur de philosophie à la Faculté des lettres de Dijon, s'est livré à un examen approfondi des nouvelles doctrines sociales, sans préjugé arrêté d'avance, disposé à proclamer leur excellence si elle lui était démontrée, et à les combattre si elles lui paraissaient inadmissibles, et, par-dessus tout, à signaler aux esprits graves ce qu'elles pouvaient renfermer de bon et de praticable.

Le grand principe sur lequel Fourier s'appuie et qui forme
la base de l'édifice sociétaire, c'est l'assouplissement de la volonté humaine aux exigences des passions. Témoin des désor-
dres avérés qui rendent notre état social si défectueux, bien
que la raison y exerce une souveraineté incontestée en droit,
mais en fait fort souvent méconnue, il a proclamé l'inutilité
d'un pareil guide, qui, selon lui, ne conduit à d'heureux résultats qu'autant que la passion se trouve converger avec
lui vers un but commun, et a invité les hommes à déserter les
sentiers battus des moralistes, s'ils voulaient arriver au bonheur. Mais, dira-t-on, comment la société pourra-t-elle résister au libre et intégral exercice des passions de chacun?
Aujourd'hui que tout concourt à neutraliser leur développement funeste, si l'existence de la société est parfois mise en
péril par leur influence dangereuse, la conservation de la
paix ne sera-t-elle pas plus sérieusement compromise lorsque
rien ne s'opposera plus désormais à ce que chacun prenne ses
appétits moraux et physiques pour conseillers et pour mobiles?

Sans doute, si le système harmonien devait être appelé
à recevoir son application dans notre état social actuel, il ne
manquerait pas d'augmenter encore le mal au lieu de le di-
minuer, sinon de le faire totalement disparaître. Mais Fourier rend cette objection impossible, car il a bien senti qu'elle
serait souveraine dans notre organisation basée sur l'individualisme. Il a donc dû chercher à changer le milieu dans lequel
s'exerce l'autorité humaine, et c'est ainsi qu'il est parvenu à
rendre son système irréprochable sous le point de vue des
déductions logiques.

Selon lui, toutes les discordes dont notre société est travaillée proviennent des vices de sa constitution. L'activité humaine y est contrariée par d'innombrables obstacles qui semblent conjurés pour la pousser au crime, comme ces rochers qui encombrent le lit d'un fleuve et le forcent à les surmonter avec violence et fracas, en divisant sa nappe majestueuse et tranquille. Que la main de l'ingénieur fasse disparaître ces masses incommodes et obstinées, et les eaux offriront bientôt leur courant docile et paisible aux convois du commerce et féconderont par leur fraîcheur bienfaisante des prairies que la moindre crue leur faisait inonder. De même, selon Fourier, quand les institutions ne s'opposeront plus au libre fonctionnement des passions, alors cessera tout antagonisme, et l'humanité entière représentera une grande famille exempte de toutes les maladies physiques et morales qui désolent aujourd'hui notre globe, privé de tout accord et de toute liberté véritable. Voyons donc maintenant par quel procédé le chef de la nouvelle école sociale organise ce milieu où le jeu des passions doit engendrer l'harmonie, et dans lequel l'homme, tout en satisfaisant tous ses désirs sans restriction, pourra obtenir la plus grande somme de bonheur possible, sans que ce bonheur soit payé au prix des sueurs et des privations de plusieurs, comme dans notre état de société actuel.

Mais, avant de nous occuper de ce milieu dans lequel doivent fonctionner les passions, examinons d'abord la nomenclature que Fourier donne de ces passions elles-mêmes.

Les passions radicales sont au nombre de douze : cinq correspondent aux sens, *goût, tact, vue, ouïe, odorat,* et ont pour but le luxe et le plaisir; quatre sont relatives aux liens affectueux et se répartissent entre quatre groupes, sous les noms d'*amitié*, d'*ambition*, d'*amour* et de *paternité*; enfin trois passions mécanisantes, la *cabaliste*, la *papillonne* et la *composite*, sont destinées à rétablir l'harmonie entre les deux autres espèces de passions mises en jeu par leur force propre (1).

Ce sont ces trois dernières passions qui, en définitive, constituent tout le système de Fourier; car elles doivent servir de moteur à toutes les autres, de telle sorte que, si leur fonctionnement était défectueux, l'harmonie serait à l'instant détruite et le système frappé d'une impuissance complète. Que si, au contraire, elles existent réellement dans le cœur de l'homme, elles produiront deux immenses résultats, à savoir, 1° de régler le jeu interne des passions au point de permettre à l'homme de les satisfaire aveuglément, sans préjudice pour sa santé et pour sa fortune; et 2° le jeu externe, conséquence de l'équilibre passionnel entre les différents individus, de telle sorte que le jeu externe venant à s'établir entre les passions, chacun, en ne suivant que son intérêt personnel, servira constamment celui de la masse (p. 231). L'importance de ces trois passions mécanisantes est donc énorme, ce sont les bases de tout le système social. Aussi est-il indispensable de les définir.

La papillonne pousse à la satisfaction de toutes les passions, et favorise le jeu interne. Par cela même, elle contribue au

(1) Voir *Esprit de Révolte*, par M. Tissot, *pag.* 231.

jeu externe. Dans l'ordre matériel, elle produit l'équilibre des forces et de la santé ; dans l'ordre passionnel, elle produit l'accord entre les caractères les plus opposés, en permettant de profiter des goûts différents des nôtres. Ainsi l'intérêt, qui désunit les amis dans l'état civilisé, réunit les ennemis dans l'état sociétaire (p. 233).

La cabaliste remplit à peu près le même rôle, par rapport au jeu externe, que la papillonne par rapport au jeu interne. La cabaliste, en créant les discords, l'émulation entre des groupes d'espèces assez rapprochées pour se disputer la palme et balancer les suffrages, c'est-à-dire distribuées en échelle compacte ou serrée, la cabaliste tend par là même à faire travailler avec ardeur à la prospérité commune du groupe de sociétaires dont on fait partie et dont par conséquent l'intérêt général est indirectement personnel à chaque individu. Et, de même que la cabaliste entretient la rivalité entre les divers groupes, elle engendre également l'émulation entre les différents individus qui composent chaque fraction de la société. Mais pour que le zèle cabaliste ne se refroidisse pas, pour qu'il se soutienne au contraire, il faut que l'excellence des produits créés sous son patronage trouve toujours des appréciateurs ; autrement le groupe qui confectionnerait les ouvrages les plus exquis se trouverait bientôt réduit à la misère, si le goût éclairé des consommateurs ne lui assurait un salaire proportionné au temps et à la peine qu'il a dû consacrer à une confection supérieure. Il faut donc développer le goût autant que possible, car il n'y a qu'une consommation intelligente et difficile sur le choix qui puisse soutenir le fonctionnement des séries passionnées : autrement, l'émulation serait le plus funeste de tous les mobiles, et ruinerait à coup sûr tous les producteurs qui voudraient mieux faire que leurs concurrents (p. 232).

De tout ce qui précède, il est facile de voir que la cabaliste est un emportement réfléchi, un mouvement de fougue produit par la rivalité. La composite, au contraire, dernière passion mécanisante dont il nous reste à donner les caractères, est une fougue aveugle qui forme avec la précédente un contraste parfait. Autant la première a une allure calculée, modérée, prudente, autant l'autre est ennemie de tout raisonnement, de toute combinaison dans ses procédés. Aussi les résultats sont-ils contraires. La composite produit des accords d'enthousiasme et d'extase, tandis que l'autre marque sa présence par des concerts de rivalité et de lutte attractive. Ainsi que son nom l'indique, cette passion naît de la réunion de plusieurs plaisirs des sens et de l'âme goûtés simultanément. Elle est réputée bâtarde lorsqu'elle est mise en jeu par des plaisirs d'un seul ordre, tous sensuels ou tous animiques.

On voit par cette définition des passions mécanisantes que, dans la société fouriériste, les séries sont unies entre elles par la papillonne, rivalisées par la cabaliste, et exaltées par la composite (p. 233).

Nous dirons plus loin ce qu'il faut entendre par séries; mais, pour ne point morceler notre sujet, nous continuerons d'esquisser rapidement l'application des diverses passions mécanisantes.

2

La papillonne engendre la brièveté des séances; car, portant à satisfaire toutes les passions, à mettre en mouvement le jeu interne, elle doit évidemment pousser à changer fréquemment de jouissances, en un mot, l'inconstance doit être son caractère distinctif; elle ne pourrait donc s'accommoder d'un objet unique et toujours le même. La succession rapide des travaux et la brièveté de leur durée seront les conséquences naturelles de ce besoin de changement qu'elle fait naître.

La cabaliste, par le besoin d'émulation qu'elle crée, produira la formation des groupes en *échelle compacte*, et la composite amènera *l'exercice parcellaire*, car tout le mécanisme des séries se réduit ici à cette règle : développer les trois passions destructives par l'emploi des trois méthodes, compacité, courtes séances, exercice parcellaire.

Pour réaliser pratiquement le système, il faudra donc adapter les trois passions mécanisantes aux divers travaux domestiques, agricoles, manufacturiers, commerciaux, d'enseignement, d'étude et d'application des sciences, et enfin d'étude et d'application des beaux-arts (p. 234).

Ici se présente tout naturellement la description du milieu dans lequel les passions devront se mouvoir. Car, pour avoir une idée complète du système, il ne suffit pas de connaître les trois passions mécanisantes, qui ne sont, à proprement parler, que des leviers, que des instruments. Il nous reste à voir encore sur quels objets ces divers instruments doivent être employés pour atteindre le but que Fourier se propose. Nous allons donc parler des phalanges, des séries, des groupes et de tous les éléments de la nouvelle organisation sociale.

Les phalanges forment l'unité dans le grand corps harmonique, destiné à comprendre tous les hommes dans sa pacifique association. Mais, pour qu'une phalange puisse fonctionner avec succès, elle doit être composée de deux mille individus environ, répartis en série, en groupes et en sousgroupes. Une seule habitation renferme chaque phalange. Au lieu de ces masures incommodes où croupit la population de nos campagnes, s'élève un grand édifice à plusieurs étages, de forme elliptique, comprenant plusieurs salles communes affectées aux réunions quotidiennes des harmoniens. Des galeries immenses, aussi larges que nos rues les plus spacieuses, et chauffées en hiver, assurent aux habitants du phalanstère des communications à l'abri de toutes les intempéries atmosphériques. Au rez-de-chaussée est la demeure des enfants et des vieillards, à qui leur faiblesse rend une locomotion ascendante pénible et parfois dangereuse. De vastes et saines étables occupent la partie inférieure du bâtiment, et des ateliers de toute sorte concourent à faire de la phalange un immense bazar agricole et industriel dont chacun est admis à partager les avantages, moyennant un apport de capitaux, de talent ou de travail, qui lui donne dans les bénéfices de la phalange entière une part proportionnée à l'importance relative de son versement. A l'aide de cette combinaison, chacun retient la propriété de ce qu'il apporte, il n'en abandonne que la jouissance, comme un propriétaire qui afferme, avec cette différence que, dans l'agrégation sociétaire, chacun sera en même temps fermier des biens de la phalange et propriétaire de l'objet de sa mise.

Avec le produit de son travail, de son industrie ou de ses capitaux, chacun se logera comme il l'entendra, dans l'édifice commun, et prendra ses repas à l'une des tables entretenues par l'association pour l'usage de ses membres. Au reste, libre à chacun d'éviter les réunions qui ont lieu le soir, si bon lui semble, de s'enfermer chez soi et de vivre isolé au sein de la phalange, qui lui présente, quand il veut en jouir, tous les avantages de la fréquentation d'une société nombreuse et choisie.

Tels sont, d'après Fourier dont nous analysons le système sans le discuter pour le moment, tels sont les résultats domestiques de l'agrégat phalanstérien. On voit qu'ils produisent, en regardant le jeu harmonique comme infailliblement assuré par le fonctionnement des moteurs que nous avons précédemment décrits, on voit qu'ils produisent un bien-être beaucoup plus grand que celui des heureux actuels du siècle, avec cette différence encore que les individus même les plus pauvres seront appelés à en savourer les douceurs.

Au reste, pour obtenir de l'agrégation sociétaire ces merveilleux résultats, il faut que les individus qui font partie d'une phalange soient organisés à l'aide d'une distribution favorable, c'est-à-dire répartis en réunions fractionnaires rivalisées entre elles par un souffle continuel d'émulation, qui ne permette ni le repos ni la satiété. Ces réunions fractionnaires prennent le nom de séries, dont le nombre pour chaque phalange ne peut être inférieur à quarante-cinq. Ces séries répartiront à leur tour leurs unités en groupes, qui sont distribués en ordre progressif et attachés entre eux par les rapports d'un goût commun pour quelque genre de travaux dont chaque détail est spécialement exploité par un groupe en particulier. Enfin le groupe, à l'imitation de la série et de la phalange elle-même, se divise à son tour en sous-multiples appelés sous-groupes, et dont le personnel ne peut être inférieur en nombre à sept individus réunis par un même goût pour une même fonction. Le plus ou le moins d'entraînement qui règne dans chaque groupe, et qui résulte du plus ou du moins haut degré de plaisir que chaque harmonien éprouve dans ses travaux, donne lieu à un nouvel état dans les groupes, et cet état, arrivé à son dernier période, fait prendre au groupe le nom de groupe de haute harmonie, ou équilibre compensatif. Enfin, la distribution des séries entre elles fournit encore la matière d'une définition, selon qu'on l'envisage sous le point de vue de la formation des séries au moyen des groupes, soit qu'on la considère dans la combinaison des séries entre elles, de manière à former un tout, en un mot, sous le double aspect interne et externe. Disons enfin, pour terminer cette analyse des principes d'organisation sociétaire, que les divers corps dont nous venons de vous esquisser le squelette aride seront unis entre eux par l'attraction passionnée, résultat du jeu de tous les autres mobiles (p. 235-6).

Cette attraction elle-même est susceptible, dans le système de Fourier, de deux ou trois objets divers. Quand elle naît de la chose même à laquelle le travail s'applique, elle prend le nom de directe ou convergente. Au contraire, si elle a sa cause, non pas dans l'objet sur lequel s'exerce l'industrie, mais dans un mobile agissant à l'occasion de cette industrie , autre toutefois que l'appât du gain ; elle devient indirecte ou directe (p. 235).

Dans notre état social actuel, il existe bien un troisième objet d'attraction, nous voulons dire l'intérêt ; le besoin, qui fait naître l'amour du luxe. Mais Fourier bannit ce mobile de ses séries passionnées ; il ne veut admettre d'autre guide que le plaisir, soit direct, soit indirect : toute autre attraction lui paraît inutile, il l'appelle fausse ou divergente et la proscrit du catalogue de ses moyens d'action sur la nature humaine (p. 235).

Nous venons, Messieurs, de vous exposer d'une manière sommaire la nomenclature des passions impulsives sur lesquelles Fourier a basé son mécanisme social ; nous vous avons également dit un mot de l'organisation extérieure et matérielle des agglomérations d'individus sur lesquelles ces passions doivent exercer leur empire. Pour achever de nous faire une idée complète du système, et vous mettre à même d'apprécier les chances de succès pratique, nous devons encore consacrer quelques instants à esquisser les fonctions du mécanisme harmonien.

Ces fonctions se divisent en trois classes, selon qu'elles se réfèrent aux relations de l'âge impubère, mu par dix passions, aux relations de l'âge de puberté, qui est pourvu de douze passions, ou bien enfin, aux relations d'équilibre passionnel communes à ces deux classes ou à la répartition des bénéfices et au ralliement des antipathies sociales (p. 240).

Au reste, en harmonie comme en civilisation, l'âge impubère est consacré à l'éducation de l'homme ; seulement, à la différence de ce qui se pratique actuellement, l'éducation harmonienne s'applique à faire éclore les vocations que l'autre s'efforce d'absorber. Et comme, dans le nouvel ordre, on doit tendre à développer sans cesse toutes les facultés de l'homme, loin de les comprimer, à leur faire produire en un mot tout ce qu'elles peuvent donner, l'éducation sociétaire est uniforme, constante, progressive; sa règle suprême est d'opérer le plein développement des facultés corporelles et intellectuelles, de les appliquer toutes à l'industrie, par conséquent de procurer le luxe interne, c'est-à-dire la vigueur du corps et le perfectionnement des sens, et le luxe externe, c'est-à-dire la richesse. Pour atteindre à ce double but, les seuls moyens qu'on emploie, ce sont les caractères tels que la nature les produit. Tous doivent être utilisés en harmonie, depuis les plus heureux jusqu'aux plus mauvais (p. 241).

La période impubère se divise en quatre phases : la basse, la moyenne, et la haute enfance, enfin, celle des jouvenceaux, distribuée en sept degrés de hiérarchie dans la progression suivante : 1° lutins, 2° bambins, 3° chérubins, 4° séraphins, 5° lycéens, 6° gymnasiens, et 7° jouvenceaux (p. 244).

Mais, en dehors des quatre classes et des sept divisions d'éducation, se trouve une première catégorie dont la direction nécessite cependant la sollicitude de l'école sociétaire. Cette catégorie, connue sous le nom de prime-enfance, comprend les nourrissons et les poupons, divisés en trois classes d'après leurs caractères, savoir : les pacifiques ou bénins, les rétifs ou malins, et les désolants ou diablotins. Le soin de ces enfants, en harmonie, nécessitera l'emploi d'un personnel douze fois, moindre qu'en civilisation, grâce à l'éducation commune, et ils seront beaucoup mieux traités, sans causer autant d'embarras aux bonnes chargées de cette fonction. Ces bonnes seront elles-mêmes affectées à des enfants d'un caractère analogue au leur, et, grâce aux combinaisons savantes qui présideront à leur distribution, les trois mécanisantes règneront parmi elles et produiront l'ensemble dans leurs travaux. Grâce à ce nouveau système d'éducation, dès l'âge de six mois on pourra s'occuper avec succès de former le goût, l'oreille et la dextérité des nourrissons, chose impossible dans notre état actuel (p. 241-2).

Dès que les enfants peuvent marcher, ils entrent dans la période de basse enfance et deviennent tour-à-tour lutins ou bambins. Leur éducation est alors confiée à des bonnins ou bonnines, dont la principale mission consiste à faire éclore dans leurs élèves les vocations industrielles au moyen des vingt-quatre ressorts inventés par Fourier, afin de découvrir les instincts primaires ou dirigeants de chaque individu, et les distinguer des secondaires.

Pour atteindre ce résultat, le meilleur procédé est de mettre l'enfant en contact avec toutes les branches de l'industrie, de le laisser pénétrer librement dans les ateliers; en un mot, de le laisser se livrer sans contrainte à ses goûts dominants, qui sont : 1° le furetage, penchant à tout manier; 2° le fracas industriel ou goût pour les travaux bruyants; 3° la singerie ou manie imitative; 4° la miniature industrielle ou goût des petits ateliers, et 5° l'entraînement progressif du faible au fort. Enfin, tous les penchants sont rapidement fécondés par l'influence des trois passions mécanisantes qui vont établir leurs courants avec force entre les divers échelons de la hiérarchie impubère dont il nous faut décrire chaque degré (p. 243-4).

Dès l'âge de trois à quatre ans et demi, les lutins passent dans la tribu des bambins, qui forme la première des seize tribus d'harmonie d'un phalanstère en grande échelle. Cette tribu est placée sous la direction des mentorins et mentorines, dont la tâche consiste à développer les caractères des enfants qui leur sont confiés, afin qu'on puisse ensuite les classer avec convenance dans la tribu subséquente, et à distinguer le degré qui leur revient dans l'échelle des cent dix-huit tempéraments. Le libre choix que les maîtres font de leurs élèves répondra au surplus en harmonie de leur zèle et de leur application à s'acquitter de leurs devoirs (p. 244).

Au reste, pour empêcher que les progrès de chaque tribu ne soient arrêtés par des sujets incapables ou malhabiles, pour passer d'une tribu dans une autre, il faudra fournir des épreuves dont seront juges les enfants composant la tribu à laquelle on voudra se faire initier. Mais une fois l'âge impubère expiré, comme alors l'éducation est terminée, il ne sera plus nécessaire d'apporter des entraves à l'ascension d'une tribu dans une autre, elle aura lieu de plein droit (p. 245-6).

Jusqu'ici les séries ont été confondues afin d'exciter la rivalité entre elles, et aussi pour que les penchants extra-sexuels ou anomalies de vocations se révèlent plus aisément. A partir de la moyenne enfance, le contraire a lieu, et la séparation s'opère pour se continuer jusqu'à l'âge de puberté, c'est-à-dire depuis quatre ans et demi jusqu'à quinze et demi, en d'autres termes pendant toute la durée de la moyenne et de la haute enfance répartie entre les quatre tribus des chérubins, des séraphins, des lycéens et des gymnasiens. Dans la première période, le développement corporel doit l'emporter sur le développement intellectuel, à l'inverse de ce qui se pratique dans la seconde (p. 246).

Les enfants mâles de ces classes sont répartis en petites hordes, et les filles en petites bandes, sans que cependant la séparation soit complète, puisque dans les hordes il y a un tiers de petites filles, et dans les bandes un tiers aussi de petits garçons. Les petites hordes se divisent en trois corps : le premier est affecté aux fonctions immondes, le deuxième aux travaux dangereux, le troisième à des attributions mixtes.

Sous la direction des kans ou druides, les petites hordes s'occupent, entre autres fonctious, d'assurer la viabilité du territoire, pratiquent la douce fraternité, le mépris des richesses et la charité sociale, et vont au beau par la route du bon, à l'encontre des petites bandes qui vont au bon par le beau, et s'occupent de l'embellissement du canton entier sous le rapport matériel et spirituel (p. 247-8).

Les petites hordes et les petites bandes sont toujours en rivalité; elles reçoivent, les unes et les autres, un enseignement qui leur est distribué en commun avec toutes les tribus au-dessous de l'âge de puberté. Cet enseignement, contraire à celui de la civilisation auquel Fourier reproche : 1° le simplisme d'action, puisqu'il se borne à l'étude ; 2° l'emploi de la contrainte ; 3° l'uniformité dans la méthode, qui ne fait pas acception de la diversité des caractères ; 4° le défaut d'attraction mutuelle; et 5°.de faire passer la théorie avant la pratique, cet enseignement nouveau s'appuie sur deux principaux ressorts : l'opéra destiné à former les deux sens passifs, la vue et l'ouïe; et la cuisine, les deux sens actifs, le goût et l'odorat. Du reste, ces deux exercices embrassent, en harmonie, toutes les spécialités qui peuvent s'y rattacher par quelques caractères. C'est ainsi que l'opéra comprend la gamme complète des accords matériels, savoir : le chant, ou voix humaine mesurée; les instruments, ou sons artificiels mesurés; la poésie, ou pensée humaine mesurée; les instruments, ou sons artificiels mesurés; la poésie, ou pensée et parole mesurées; la pantomime, ou harmonie du geste; la danse, ou mouvement mesuré; la gymnastique, ou exercices harmoniques; les peintures et costumes harmoniques, enfin (p. 248-9).

Après avoir parcouru les diverses tribus de l'âge impubère, nous arrivons à la dernière sous-division de cette première catégorie, à l'enfance mixte composée des jouvencelles et des jouvenceaux. En elle, nous rencontrons les symptômes avant-coureurs de la puberté. C'est l'époque de la transition amoureuse, moment critique où l'on reconnaît l'impuissance de toutes les méthodes répressives de la civilisation, et dont Fourier prétend conjurer les périls en faisant naître d'une pleine liberté en premier amour : 1° l'entraînement des divers âges; 2° la concurrence des bonnes mœurs entre les sexes; 3° la récompense aux vertus réelles; et 4° l'emploi de ces vertus au bien public, dont elles sont isolées en civilisation (p. 250).

Le corps des jouvenceaux , à l'exemple des tribus de la moyenne et de la haute enfance , est divisé en deux sections rivalisées par la diversité d'instincts et de sexes. Ce sont : le vestalat , composé de deux tiers de vestales et d'un tiers de vestels, et le damoisellat, d'un tiers de damoiselles et de deux tiers de damoiseaux. Leurs vertus propres sont la virginité pour le vestalat, qui pratique la chasteté jusqu'à un âge préfix, dix-huit ou dix-neuf ans, et pour le damoisellat, plus précoce en amour , la fidélité. Du reste, comme dans tout le système harmonien, la plus grande liberté préside au choix des vocations, et chaque jouvenceau peut opter à son gré pour le vestalat et le damoisellat (p. 250-1).

Dans ce dernier corps, toutefois, la continence matérielle doit encore être observée, et toute la liberté érotique qu'on y permette se borne à des engagements de poursuivants et poursuivantes pris avec l'agrément du corps vestalique, assisté de dignitaires féminins et masculins de la cour d'amour, engagements qui se réalisent à l'armée industrielle dont l'attrait de ces unions ajournées contribuera puissamment à grossir les bataillons. C'est là aussi et sous les drapeaux de cette milice pacifique, que les vestales et les vestels recevront le prix de leur chasteté, en se voyant rechercher pour génitrices et pour géniteurs par les monarques de divers degrés et de sexes différents accourus à ces réunions de travailleurs pour y faire choix d'une épouse ou d'un époux. La plus brillante perspective est ouverte aux membres du corps vestalique. Ainsi une vestale , pendant la courte durée de son célibat , peut être élue : Omniarque du globe , ou auguste régnant sur 1/3 du globe, ou césarine sur un 1/12, ou impératrice sur 1/48, ou calife sur 1/144, ou soudane sur 1/576, ou reine sur 1/1728, ou enfin cacique sur 1/6912. Aussi, avec quelle émulation chaque phalange s'efforcera-t-elle de fournir les plus illustres vestales destinées à recevoir des honneurs infinis sous les noms vénérés de vierges d'apparat ou de beauté, de talent, de charité, de dévouement ou de faveur (p. 251)!

Nous venons, Messieurs, de conduire les harmoniens depuis l'époque de la naissance jusqu'au moment où les jouvenceaux voient s'accomplir le terme de leur continence sur le seuil de l'âge de puberté. Arrivés à ce période, leur éducation est terminée, et commencent, à proprement parler, les relations de l'âge viril appelées par Fourier mécanisme et harmonie de l'attraction. Esquissons brièvement les procédés inventés par le chef de l'école sociétaire pour produire ces résultats assurés par dix-huit ans d'exercices préparatoires, et remarquons, en passant, que les exercices des impubères n'étant pas vides de travaux productifs, ils doivent tout naturellement concourir à seconder le jeu de l'attraction passionnée. Nous aurons donc à parler quelquefois encore des enfants à l'occasion du mécanisme harmonien.

Nous avons dit plusieurs fois, et nous le répétons encore parce que ce principe est la base de tout le système : pour que l'harmonie s'établisse entre les individus, il faut qu'ils soient placés dans des conditions telles, qu'un mouvement d'attraction les unisse et entretienne la paix au milieu d'eux. Or, pour que cette attraction subsiste en industrie, il est indispensable que les diverses positions s'engrènent les unes dans les autres. Ainsi, pour attirer au travail les trois sexes, hommes, femmes et enfants, avec les trois classes de fortunes, riche, moyenne et pauvre, il suffira de mettre en relation d'attraction les trois sexes, parce que le faible entraînant toujours le fort, quand l'organisme nouveau se sera emparé d'abord des enfants, ceux-ci ne tarderont pas d'être suivis de leurs mères par l'effet d'une irrésistible influence, et les mères à leur tour détermineront le concours des pères (p. 253). Mais, en supposant la réalité de ces rapports intimes de l'enfance avec les deux sexes, par quel mobile agira-t-on sur les enfants? Fourier l'a déjà indiqué en traitant de l'éducation. C'est dans la gourmandise qu'il faudra chercher ce puissant levier d'harmonie. Aussi, en s'exerçant sur les branches d'industrie appelées préparation culinaire, conserve et culture, l'enfance formera le lien des séries industrielles, et sera comme l'âme de leurs intrigues de rivalité. La suppression de la famille, société la plus petite possible, et que Fourier regarde comme la source de l'irritabilité, de la contrariété en progéniture, des disgrâces conjugales, du piége industriel qui pousse à la reproduction pour avilir les salaires à la faveur de la concurrence, la répugnance cumulative de l'industrie contrariée en civilisation par l'amour et par la dissipation, la suppression de la famille, disons-nous, fera cesser toutes les causes de discorde en détruisant parmi les hommes de puissants germes de division. Cette suppression, toujours dans l'hypothèse de Fourier, est d'autant plus légitime et sera d'autant plus facile, que l'état conjugal et familial est incompatible avec la liberté, et comme tel, doit être réputé contre nature (p. 255).

A l'aide de tous les instruments d'harmonie et de concorde que nous venons de décrire, l'équilibre ne tardera pas à s'établir dans la production. Mais ce premier résultat ne saurait être suffisant, si un système incomplet de répartition venait fournir de nouveaux éléments à l'esprit de chicane et de récrimination. La cupidité et la générosité fournissent à Fourier les moyens de résoudre ce difficile problème. La cupidité trouvera son compte dans le régime phalanstérien, qui lui permettra de contenter son penchant pour la richesse, et l'attachera de la sorte invinciblement au maintien de l'ordre sociétaire. L'accord intentionnel en répartition pourra donc se réaliser. Il sera engendré tout naturellement : 1° par le besoin des jouissances matérielles, bien plus abondantes en harmonie qu'en civilisation ; 2° par la fusion des trois classes, dont les antipathies disparaîtront bientôt, dès que le fardeau des œuvres serviles, cause de tant de répugnance, sera devenu pour les petites hordes un objet d'émulation et d'activité passionnée. A leur tour, les petites hordes trouveront, dans les circonstances difficiles, des auxiliaires toujours prêts dans les passions ambiguës des initiateurs, des occasionnels, des ambiants, des caméléons ou protées et des finisseurs. Le charme du mécanisme, les trois unités achèveront d'opérer l'accord international, et de resserrer les liens qui unissent les individus à leurs fractions respectives, et les diverses fractions entre elles. Ainsi, dans une phalange de mille huit cents personnes (p. 258), chaque individu aime passionnément tous les autres , directement ou indirectement) et cet amour s'étend d'une série à l'autre, tant sont merveilleux les résultats de la conciliation et de l'association de tous les intérêts dans le régime sociétaire, tant sont étroits les liens qui unissent les individus entre eux !

En effet, ce n'est pas le produit direct du travail de chacun qui sert de base à la fixation des salaires. Loin de là , on forme une masse des biens acquis à la série, et chacun est admis au partage de ces biens proportionnellement au bénéfice qu'il a procuré à la série. Au contraire, chaque série étant, non pas fermière, mais bien associée de sa phalange , reçoit un dividende sur le produit du travail de toutes les séries. La quotité de ce dividende est évaluée selon le rang que chaque série occupe dans la catégorie des fonctions, divisées en trois classes : nécessité, utilité , agrément ; de telle sorte que le dividende soit d'autant plus fort que les fonctions sont plus rebutantes, et qu'il soit réglé selon la formule suivante : en raison directe du concours de la série au maintien du lien d'unité , au jeu de la mécanique sociale ; en raison mixte des obstacles répugnants et en raison inverse de la dose d'attraction et d'engrenage que peut fournir chaque industrie. Par la même raison , l'ordre de préséance sera fixé dans un sens inverse à celui de la civilisation, et les petites hordes , vouées aux travaux les plus immondes et les plus dangereux , seront placées au premier rang et suivies des bouchers , des nourrices , des pouponistes , des infirmiers , et autres qui se livrent à des œuvres réputées aujourd'hui serviles et dont on méprise les artisans , bien qu'on ne puisse se passer d'eux (p. 257-8-9).

Voilà comment Fourier résout le problème de la propriété. Loin de l'abolir, ainsi que les saint-simoniens en affichaient la prétention menaçante, et comme aujourd'hui encore les communistes projettent de le faire quand ils auront triomphé, Fourier fournit à tous les hommes les moyens de jouir de ce droit précieux en unissant tous les intérêts dans une grande association des capitaux, du talent et du travail.

Selon lui, cette combinaison ne saurait présenter le moindre inconvénient, parce que le dernier partage, celui qui aura lieu, non plus de série à série, mais entre les individus, ce dernier partage ne sera pas plus difficile à effectuer que le premier, grâce aux divers intérêts que chacun ne peut manquer d'avoir dans différentes séries, et qui sera un des caractères distinctifs des harmoniens. De la sorte, notre cupidité, qui est aujourd'hui simple, égoïste, hostile à la prospérité de nos voisins, deviendra composée et par suite inoffensive, dès qu'elle servira tout à la fois et notre intérêt et celui de nos voisins. Et c'est alors que s'accomplira, pour nous servir des expressions de Fourier, ce brillant effet de justice résolvant le problème « d'absorber la cupidité individuelle dans les intérêts col- « lectifs de chaque série par les intérêts individuels de « chaque sectaire dans une foule d'autres séries. » Tant est grande la fécondité du principe des trois moteurs passionnels ! Ajoutons-y les accords magnanimes produits par la générosité, et nous verrons les riches sociétaires refuser la part qui leur reviendra pour avoir assisté aux courtes séances, et nous n'aurons qu'une idée bien faible encore de tous les trésors d'harmonie, de richesse et de concorde que renferme en son sein le principe bienfaisant de l'association (p. 260).

Mais là ne se bornent pas les garanties que l'intérêt personnel présente à la stabilité de la société harmonienne. L'ambition, qui n'est qu'un raffinement plus exquis de l'égoïsme, l'ambition elle-même, loin d'inspirer des craintes à l'agrégation sociétaire, sera son plus solide appui, car elle trouvera en harmonie de bien plus nobles aliments que dans la civilisation, puisque, dans l'état sociétaire, il y a des sceptres de tous titres et de tous rangs, qui sont, comme nous l'avons vu tout-à-l'heure, la récompense de la chasteté pour les deux sexes (p. 261).

Nous venons, Messieurs, de vous soumettre une analyse rapide, mais que nous croyons fidèle, du système sociétaire de Fourier, tel qu'il l'a conçu, tel qu'il l'a exposé dans ses divers ouvrages, et, en particulier, dans son *Nouveau Monde industriel*. Vous voyez qu'il se propose de refaire le monde en lui donnant de nouveaux mobiles, de nouvelles allures; non-seulement le monde moral, mais encore le monde physique. Nous connaissons actuellement le mécanisme de cette société modèle à l'abri de tous les maux, de toutes les imperfections considérées jusqu'à ce jour comme incurables dans la nature humaine; mais nous ignorons encore la route à tenir pour arriver à la terre promise, ou, pour parler sans métaphore, le moyen de passer de l'état de civilisation à celui d'harmonie. C'est un corollaire indispensable, et dont le plus ou le moins de rectitude exercera une influence décisive sur la réalisation de la combinaison sociétaire.

Nous n'entreprendrons pas, Messieurs, la description des trente-deux issues imaginées par Fourier pour sortir de l'état

actuel, et passer, à volonté, de la quatrième phase de civilisation à la période de garantisme, ensuite à celle de sociantisme
ou de fondations approximatives, et arriver enfin à la période
d'harmonie, ou bien directement à celle de sociantisme, ou
même d'harmonie. Qu'il nous suffise de poser une simple formule que nous n'avons pas le temps de commenter, mais dont
l'application doit faire passer en garantisme.

Il faut d'abord atteindre la quatrième phase civilisée, à l'aide
des fermes fiscales, c'est-à-dire exploitées au profit de l'État,
et formant une sorte de féodalité industrielle à laquelle on arriverait bientôt en généralisant le principe des monts-de-piété
et des maîtrises. De la sorte, le commerce ne tarderait pas à
être ruiné par la concurrence de ces factoreries, dont aucune
maison privée ne pourrait égaler le bon marché et l'excellence
des produits, et l'établissement de patentes considérables impo-
sées à l'industrie achèverait de rendre l'exploitation individuelle
mpraticable, et de pousser invinciblement la société dans la période de garantisme ; car, le commerce, devenant de jour en jour
plus coûteux, nécessitant l'emploi de capitaux de plus en plus
énormes, deviendrait inaccessible désormais à tous les individus pauvres, qui seraient ainsi renvoyés à l'industrie agricole. Mais là se présenterait pour eux la même difficulté de
vivre à côté des fermes fiscales, dont la concurrence écra-
serait leur culture familiale et domestique. Ils seraient obligés,
sans qu'il fallût recourir à la violence et à la contrainte, de se
réfugier dans l'état sociétaire, seul abri certain contre la misère et le désespoir qui les envahiraient de tous côtés au sein
de la civilisation expirante (p. 239). Ainsi s'accomplirait la

transformation de l'humanité, sans secousse, sans révolution, et par la seule force des choses.

Nous avons terminé, Messieurs, la première partie de notre tâche. Nous voudrions vous avoir fait saisir toutes les combinaisons de l'organisation sociale conçue par Fourier, de cette organisation si différente de celle que nous connaissons, pour laquelle nous avons été élevés, dans laquelle nos pères ont vécu et qui protègera encore probablement de nombreuses générations de son ombre séculaire, parce qu'elle a pour elle l'existence, et que le genre humain se décidera difficilement à courir les chances d'un remaniement radical dont l'efficacité est bien problématique après tout. Cependant, si la masse des hommes ne se passionne pas pour les nouveautés, si elle ne s'attache pas avec empressement à toutes les utopies, à toutes les conceptions extravagantes ou bizarres, il n'en est pas moins utile que les grands corps savants, les corps qui représentent la partie intelligente et pensante de la nation, préservent par l'autorité de leur opinion l'esprit public contre les séductions de ces théories pompeuses et dont les promesses magnifiques sont toujours d'amères critiques de ce qui existe, de ce qui a pour soi une antiquité immémoriale. Nous croirions donc laisser notre tâche inachevée, si nous nous bornions à une analyse sèche et scientifique, comme celle que nous venons de vous présenter, du système de Fourier.

Ici encore, comme au commencement de notre discours, ce sont les passions qui doivent attirer notre attention les premières, puisque ce sont elles que le philosophe bisontin proclame comme les instruments de l'harmonie sociétaire. Et d'abord, occupons-nous des passions mécanisantes, qui sont comme les pivots de tout le fonctionnement phalanstérien, et dont le moindre dérangement suffirait pour faire naître un désordre d'autant plus grand, que la société nouvelle manque absolument de moyens de répression.

La papillonne, avons-nous dit, pousse à la satisfaction de toutes les passions : s'ensuit-il pour cela qu'elle forme à elle seule une passion nouvelle et distincte des neuf autres ? Nous ne le pensons pas, bien que Fourier prétende que la découverte des trois mécanisantes soit aussi réelle que celle de l'harmonie céleste par Newton, qui, elle aussi, n'a été réalisée qu'après des siècles de recherches et de conjectures plus ou moins ingénieuses.

La papillonne, en définitive, n'est que la succession d'une passion à une autre, produite par la société, inséparable elle-même d'une satisfaction trop abondante, trop indiscrète. Fourier, ce nous semble, s'est laissé séduire par les apparences; il a pris pour cause primitive ce qui n'était qu'un état passager de l'âme. Dire que la papillonne est une passion équivaut à dire que l'inconstance est aussi une passion. Cependant, aucun psychologue un peu exercé n'osera soutenir une pareille opinion, parce qu'il n'y a rien de primitif dans cet état de l'âme, parce qu'il n'a pas un objet positif, que c'est seulement la conséquence d'un double fait, la satisfaction d'un besoin et la naissance d'un autre. Il en est littéralement de même à l'égard de la papillonne; ce n'est donc pas une passion.

La cabaliste offre-t-elle des caractères plus tranchés ? Nous ne le pensons pas. Nous croyons au contraire, avec M. Tissot

(p. 288), que Fourier a pris le jeu de plusieurs passions pour une passion nouvelle, et que, dans l'espèce, la cabaliste peut être ramenée à deux passions nommées bien long-temps avant Fourier, c'est-à-dire la rivalité et l'émulation, qui, elles aussi, ne sont que des modifications, des combinaisons de plusieurs penchants primitifs, à savoir, pour la rivalité, l'ambition, la cupidité et toutes les passions de luxe; et pour l'émulation, le respect de soi-même, l'estime de l'opinion. Voilà en quels éléments la cabaliste vient se résoudre. Elle n'a donc rien de primitif, rien qui ait échappé jusqu'à ce jour à l'analyse des psychologues. Il n'y a rien en elle de nouveau que le nom.

La composite nous suggèrera les mêmes réflexions. Ainsi que son nom l'indique d'ailleurs assez clairement, elle naît de l'assemblage de plusieurs plaisirs des sens et de l'âme, goûtés simultanément à un très-haut degré d'intensité. N'est-il pas exact de dire que ce n'est pas une passion nouvelle, mais bien un mot nouveau pour exprimer un fait de conscience aussi vieux que le monde ? (p. 289)

Vous le voyez, Messieurs, les passions mécanisantes que Fourier se vante d'avoir le premier constatées ne sont pas aussi réelles, aussi primitives qu'il se l'imagine et, à moins que, par un miracle providentiel, comme celui de la couronne boréale dont les feux doivent faire fondre les glaces du pôle à une époque prédite par le maître (1), la nature humaine ne subisse quelque changement dans sa constitution morale, nous éprouvons de sérieuses inquiétudes sur le fonctionnement paisible de la machine harmonienne.

(1) *Théorie des quatre mouvements*, p. 69.

Mais ce n'est pas seulement la théorie des passions mécanisantes qui prête à la critique dans ce système radical, la classification des neuf autres passions naturelles, corporelles et animiques, n'échappe pas mieux au reproche d'obscurité et d'infidélité.

D'abord, on ne trouve nulle part, dans les livres de Fourier, une définition satisfaisante, claire, une définition scientifique en un mot, des passions qu'il classe. Il se borne à les appeler par leur ancien nom, en donnant à l'idée *passion*, tantôt le sens passif, tantôt le sens actif, tantôt l'un et l'autre à la fois. De là, des incertitudes, des logomachies funestes, et par-dessus tout quelque chose de vague et d'insaisissable, dont on devrait soigneusement se préserver dans la description d'un procédé nouveau d'organisation sociale, car c'est à cela que revient en définitive la découverte de Fourier.

L'inexactitude de l'énumération n'est pas moins sensible que la défectuosité de la définition. Ainsi, il passe sous silence toutes les passions qui naissent des idées supérieures de la la raison, qui en sont la conséquence, telles que celles du beau, du bon et du vrai, et qui cependant ne peuvent naturellement se résoudre en celles qu'il a bien voulu admettre dans sa classification, qui ne comprend sous le rapport intellectuel que l'amitié, l'ambition, l'amour et la paternité (p. 287).

Nous croyons cette objection à l'abri de toute critique. Continuons. Les passions de luxe présentent la même lacune que les passions rationnelles, car les différents appétits physiques ne sont pas tous désignés nominativement, ce que Fourier aurait dû faire, puisqu'il ne s'est pas contenté de les désigner tous par un nom générique. Ainsi, il a oublié, dans sa nomenclature, l'alimentation et la passion de l'union des sexes, bien distinctes l'une du goût et l'autre de l'amour et de la paternité. Enfin, il exite encore un autre sens dont le chef de l'école sociétaire ne dit rien et dont la réalité a cependant été constatée par les philosophes modernes avec la certitude de toutes leurs découvertes. C'est un sens interne général, par lequel nous souffrons ou jouissons, tantôt vaguement, tantôt d'une manière très-sensible et qui est affecté diversement, selon que l'individu se trouve en bonne santé ou en maladie, jeune ou dans un âge avancé (p. 286).

Nous ferons le même reproche d'inconséquence à la théorie des passions affectueuses. Elle est, comme les nomenclatures précédentes, évidemment incomplète; car elle ne comprend pas l'affection que nous éprouvons pour des animaux, des choses rares, curieuses, pour les antiques, les tableaux, les médailles, objets que nous n'aimons ni d'amour ni d'amitié et dont la passion ne peut être placée dans aucune des catégories que nous avons tracées en commençant, d'après Fourier lui-même (*ibid*).

Et qu'on ne dise pas que nous triomphons de la combinaison sociale nouvelle avec des arguments empruntés à une vaine logomachie, que nous nous attachons à relever des erreurs de classification, faute de pouvoir signaler des vices de conception ou des obscurités. Nous arriverons tout-à-l'heure à ce genre d'objection. Mais nous croyons pouvoir nous emparer des inconséquences que nous venons de relever, parce que Fourier, dans tous ses ouvrages, affiche la prétention d'exposer, non pas un système plus ou moins ingénieux, dont on ne propose l'application que d'une manière timide, avec défiance, mais bien une théorie inexpugnable où tout s'enchaîne avec un ordre merveilleux, avec une exactitude rigoureuse et dont on ne peut toucher au plus léger théorème sans entraîner la chute de tout l'édifice. Il est donc très-légitime de penser que la plus petite erreur dans la classification, que la plus insignifiante omission d'un instinct quelconque de la nature humaine, n'exerce les plus désastreux ravages dans le fonctionnement du mécanisme harmonien et ne finisse par entraver son jeu sans retour, comme on voit les machines les plus sagement conçues, les plus savamment exécutées, s'arrêter tout-à-coup après quelques mouvements désordonnés, à la grande confusion de l'inventeur qui voit ainsi ses combinaisons démenties par l'apparition de quelque force cachée dont il n'avait pas su conjurer les effets. Qui oserait assurer que le même résultat n'attend pas les premiers essais du fouriérisme, et que ces conceptions brillantes qui ont séduit tant d'imaginations puissantes mais aventureuses, n'iront pas se briser contre ces mêmes passions dont une étude imparfaite et précipitée avait fait trop bien augurer? Qui oserait dire que les courtes séances, la compacité de l'échelle industrielle, que l'exercice parcellaire dont nous voulons bien reconnaître toutefois l'efficacité contre le découragement, contre la discorde, contre la satiété, que ces nouvelles combinaisons de travail eussent le crédit d'entretenir toujours l'amour-propre, l'enthousiasme et d'assurer à la main-d'œuvre des produits meilleurs et plus abondants ?

Mais, à supposer que toutes nos prévisions soient déjouées, et que chaque phalange réalise le plus haut degré d'activité et d'émulation, que par conséquent l'industrie s'y perfectionne au-

delà de tout ce que nous connaissons, pensez-vous, Messieurs,
que les causes de dissentiment soient désormais effacées, et que
la multiplicité des richesses doive en rendre le partage plus
facile et moins fertile en récriminations ? Nous ne le pensons
pas. Nous sommes persuadé, au contraire, qu'à l'époque de la
répartition proportionnelle, les maladroits, les paresseux, en
un mot tous ceux qui, soit par leur faute, soit par celle de la
nature, n'auraient droit qu'à une faible portion dans les bénéfices pour n'avoir apporté à la masse ni capitaux, ni talent, ni travail, nous sommes persuadé que cette catégorie,
qui sera toujours la plus nombreuse, sera toujours disposée à
crier à l'injustice, à soupçonner l'intégrité des répartiteurs,
et qu'elle n'aura jamais ni assez de bon sens, ni assez de patriotisme pour se contenter de ce qui lui reviendra. Nous sa-
vons bien, il est vrai, qu'on va nous répondre que la condition
humaine sera si douce dans le phalanstère, que la somme du
bonheur goûtée par chacun sera tellement supérieure à celle
qu'on éprouve dans l'état actuel, qu'elle sera tellement complète
que nul ne serait assez aveugle pour vouloir attenter à un
ordre de choses au maintien duquel son intérêt personnel serait si puissamment enchaîné. Mais ne sait-on pas que le
bien-être rend les hommes exigeants, que l'on s'accoutume
bien vite au bonheur comme on s'habitue à la meilleure table,
au point de trouver mauvais et insupportable ce qui avait
d'abord paru délicieux ? Et d'ailleurs, tous les hommes, même
les plus judicieux, savent-ils bien se rendre compte de leur
intérêt personnel, le reconnaître et s'y attacher, sans jamais
le perdre de vue ? Que sera-ce si des ambitions froissées, si

des amours-propres blessés entrevoient des moyens de vengeance à travers un bouleversement, et caressent de leurs vœux un meilleur régime qui s'avance, comme aujourd'hui les adeptes de Fourier, et avec d'autant plus de séduction, que nous sentons vivement toutes les imperfections du présent et que l'avenir nous apparaît toujours sous des couleurs plus riantes? Que sera-ce si des esprits inquiets, indisciplinés, comme la nature en produit souvent, emportés par un besoin d'opposition systématique, prêchent la civilisation en pleine harmonie et séduisent leurs concitoyens par le récit d'un passé inconnu, leur inspirent le dégoût de l'existence phalanstérienne et le désir de retourner à l'ancienne organisation sociale? Nous reverrions donc bientôt les mêmes inconvénients que Fourier reproche à la civilisation et peut-être, de plus grands encore. Ainsi le vol, que l'harmonie s'imagine détruire en associant les propriétaires aux prolétaires, le vol reparaîtrait sous une autre forme, et, s'il ne s'attaquait plus à la propriété privée, ce serait sur la propriété commune qu'il porterait ses mains indiscrètes. Car on ne vole pas seulement parce qu'on manque du nécessaire, parce qu'on endure des privations cruelles, mais encore parce qu'on a moins que d'autres, parce que quelque chose excite la convoitise, qu'on veut l'avoir à soi tout seul (p. 295). Voilà aussi comment le vol pourra s'introduire dans l'état sociétaire et y causer le mal physique et le mal moral tout à la fois, comme aujourd'hui, au sein de la prospérité générale. Mais nous allons plus loin encore et nous soutenons que, dans l'organisation sociétaire, on se livrera au vol poussé par la misère, tout comme dans l'état de civilisation. Cette proposition peut paraître au premier abord téméraire et paradoxale. Nous croyons pouvoir cependant la démontrer en établissant qu'un jour viendra où il ne sera plus possible de garantir un minimum à l'harmonien, parce que l'équilibre entre les produits du sol et le chiffre de la population finira toujours par être rompu, et qu'alors le minimum sera réduit à un dividende insuffisant pour faire vivre chaque homme dans l'abondance; car la population suit toujours une marche parallèle à l'accroissement des richesses, et, comme la faculté que l'homme possède de se reproduire est illimitée, qu'elle n'a d'autre frein que sa tempérance et sa raison, toutes barrières inconnues dans la société fouriériste, où les passions dominent sans contrôle; que, d'un autre côté, le globe terrestre est borné dans son étendue, qu'il ne présentera jamais une superficie plus grande qu'aujourd'hui, un jour viendra où un encombrement se fera sentir si grand que tout rapport disparaîtra entre la production et la consommation des aliments (p. 295).

Cette observation, il faut le reconnaître, n'avait pas échappé à la sagacité profonde de Fourier. Aussi, pour combattre les effets désastreux de l'accroissement indéfini de population, il a recours à quatre palliatifs : la vigueur des femmes, le régime gastrosophique, l'exercice intégral et le libre amour, moyens dont l'efficacité nous semble très-problématique. Car, dans les campagnes, où les femmes ont plus de vigueur que dans les villes, elles sont bien autrement fécondes, et dans les villes même, il existe, sous ce rapport, une grande différence entre les femmes du peuple et celles de la classe aisée et opulente. Il en faut dire autant du régime gastrosophique, c'est-à-dire d'une alimentation succulente et recherchée ; elle ne peut que développer les forces prolifiques, à moins que l'obésité ne vienne assoupir leur activité génératrice, ce qui n'arrivera pas en harmonie, où l'exercice intégral, commun à tous les rangs, à tous les sexes, empêchera le corps de prendre un embonpoint favorable à la stérilité et à l'obtusion du sens vénérien.

Le libre amour sera-t-il plus efficace que les précédents moyens, pour faire équilibre à la fécondité excessive des femmes ? Nous croyons, au contraire, que si ce moyen extrême était jamais mis en pratique, il aurait un effet diamétralement opposé à celui que Fourier se propose de lui faire produire. En effet, en civilisation, la stérilité relative donne souvent les mêmes résultats négatifs que la stérilité absolue ; tandis que, lorsque chaque femme aurait de plein droit plusieurs maris, il arriverait infailliblement que la stérilité deviendrait une chose bien plus rare que dans l'état conjugal civilisé. Et par rapport aux femmes fécondes, quelles ne seraient pas les conséquences d'une polyandrie, d'une polygamie générale et licite, qui commencerait à dix-huit ans pour durer aussi long-temps que la volonté et la validité le comporteraient. Nous sommes loin de penser, Messieurs, que ce dernier moyen, abstraction faite de sa moralité, ne présente pas de grandes chances de succès et d'efficacité, à moins de le pousser à l'extrême et de faire naître la stérilité de conflits érotiques innombrables, au point de changer toutes femmes en prostituées et la société en un immense lupanar ! Mais, pour un si triste résultat, à quoi bon remanier le monde, à quoi bon recourir à tant de combinaisons subtiles et embrouillées ?

Et cependant, nous croyons que telle serait la conséquence dernière, mais forcée, du libre amour, si l'on veut le rendre assez intense pour mettre obstacle à la fécondité des femmes et maintenir la population sous un niveau stationnaire. Mais dans un semblable état de mœurs, nous le demandons à tout homme de bonne foi, que deviendrait cette chasteté, cette pudeur dont Fourier fait si grand bruit et dont il fait le patrimoine exclusif de ses vestales et de ses vestels, qu'il oppose à notre jeunesse civilisée, dont les vertus, si nous ajoutons foi à ses paroles, ne sont que dissimulation et hypocrisie, à l'exemple des générations qui l'ont précédée ?

Sans vouloir innocenter notre époque du reproche de corruption, nous croyons que la peinture de ses mœurs, comme toutes les autres peintures morales et politiques de Fourier, est grandement exagérée ; mais que, dans tous les cas, un régime éthique, avec le libre amour pour guide, serait cent fois plus corrompu que notre société actuelle, en dépit de toutes ses imperfections, de toutes ses défectuosités.

Dans les pays où la polygamie est autorisée par les lois et par la religion, la liberté en amour est limitée aux femmes renfermées dans les murs d'un sérail. Dans cette civilisation, d'ailleurs, la pluralité n'existe jamais que pour un seul sexe tandis que le sexe asservi garde une continence relative peut-être plus sévère que dans notre état conjugal. Mais, en harmonie, ces causes de retenue et de chasteté n'existent plus. Chaque homme a plusieurs femmes, chaque femme a plusieurs maris (p. 294).

La jalousie, qui produit tant de drames sanglants dans les harems, sera-t-elle anéantie dans l'organisation sociétaire, ou du moins ses effets y seront-ils moins terribles ? Ce n'est guère probable ; car les harmoniens, au début de leur carrière érotique et avant d'avoir perdu toute affection sentimentale au sein d'une promiscuité universelle, les harmoniens éprouveront des passions sérieuses qui amèneront à leur suite et inévitablement la jalousie, avec ses fureurs et ses vengeances. Que sera-ce lorsque rien ne s'opposera plus, ni dans la loi, ni dans les mœurs, ni dans l'opinion, à ce que les amants se séparent avant de s'être lassés tous les deux l'un de l'autre ? Il est à craindre qu'alors l'homicide, qui devait être exclu de la société de Fourier, y rentre par la porte de l'amour, tout comme le vol sous l'égide de la nécessité, à moins que, dès le premier instant, une corruption si profonde s'empare de la jeunesse, que les harmoniens soient insensibles à tout parjure, à toute infidélité ; mais alors il ne resterait plus que la prostitution avec tout son cortége de lubricité et d'infamie.

Nous n'ignorons pas que Fourier présente l'état civilisé comme encore plus corrompu que l'état sociétaire, parce que la liberté illimitée qui fait l'essence du dernier supprime, au moins, en le rendant superflu, le vice de l'hypocrisie qui sert, nous dit-on, à cacher toutes les turpitudes de nos mœurs contraintes et dissimulées. Mais nous croyons que le tableau de nos impuretés est un peu exagéré dans ses couleurs, que toutes les vertus ne sont pas des mensonges et des grimaces, comme le philosophe bisontin nous le reproche, et qu'après tout, l'hypocrisie, avec tous ses inconvénients du for intérieur, est encore moins funeste qu'un libertinage sans retenue et sans respect humain, qui, dans son contagieux cynisme, encourage tous les débordements par l'autorité de l'exemple. L'hypocrisie, quoi qu'on en dise, est le satellite et la compagne de la vertu, comme les fausses pièces, les faux bijoux, sont une preuve de l'estime et du prix des véritables espèces ; des véritables pierreries . L'hypocrisie révèle l'existence de la vertu ; elle atteste en quelle grande vénération est la vertu parmi les hommes. Du jour où elle disparaîtrait, il faudrait dire que la vertu s'est retirée de dessus la terre et qu'on ne lui élève plus d'autels.

L'amour maternel, l'amour paternel perdraient toute leur sincérité et leur profondeur, si le libre amour devenait jamais licite. Que dis-je ? l'incertitude invincible qui régnerait sur la paternité détruirait bientôt tous les liens d'affection éparpillés entre plusieurs enfants appartenant à plusieurs pères dans une sorte d'indivision. La maternité, de son côté, verrait également décroître la force de son sentiment, car la femme ne pourrait reporter sur son enfant l'amour qu'elle aurait éprouvé pour celui qui l'aurait rendue mère, puisqu'elle l'ignorerait le plus souvent. Voilà donc deux grands, deux immenses foyers d'harmonie à jamais détruits. Les liens de la parenté, de l'alliance se dénoueraient avec la même facilité, et, sous prétexte de ruiner le simplisme trop étroit de l'association familiale pour créer une société plus fraternelle et plus complexe, on aura réalisé le plus profond individualisme. Il ne restera donc plus que deux sentiments affectueux, l'amour et l'amitié. Singulier moyen pour faire naître l'harmonie que de tarir les sources les plus fécondes de dévouement et de sociabilité ! Les harmoniens présenteraient ainsi un nouveau trait avec les espèces animales, qui, elles aussi, s'individualisent et ne connaissent guère le sentiment de la paternité, une fois que leurs petits sont élevés, mais qui sont défendues contre les excès de l'amour par un instinct dont la liberté ne saurait faire oublier les conseils, toujours obligatoires.

Nous avons considéré le fouriérisme sous un double point de vue psychologique et scientifique. Nous avons terminé notre tâche. L'examen auquel nous nous sommes livré nous a fait voir que Fourier, dans toutes les conceptions de son vaste génie, a toujours été dominé par le spectacle imposant de l'accord de la nature physique si diverse, sous ce rapport, de la nature intellectuelle, dont la marche est diamétralement opposée à celle de la machine terrestre. Fourier, séduit par les assimilations d'une analogie perfide et mensongère, s'est imaginé résoudre toutes les difficultés du problème social. C'est aussi dans l'infidélité de cette analogie que nous puiserons, en dernier lieu, quelques arguments que nous croyons irrésistibles contre le système sociétaire.

Bien que Fourier ne veuille voir dans l'homme que des passions, que des instincts, cependant il est impossible à tout esprit de bonne foi de restreindre la nature humaine dans d'aussi étroites limites. Il suffit de réfléchir un instant à l'abri de tout préjugé pour reconnaître que deux forces se disputent le gouvernement de notre individu. L'une agit sous l'empire de la raison, et agit par intelligence ou liberté ; l'autre, mise au service de la sensibilité, se meut au gré de la passion et de l'instinct. Tels sont les deux mobiles qui, en définitive, enfantent toutes nos actions. Dans le monde physique, à l'exemple du monde moral, il existe, il est vrai, deux forces opposées : l'attraction et la répulsion, qui sont destinées à se faire incessamment équilibre au moyen d'un antagonisme perpétuel. Mais entre la raison et la sensibilité ne se trouvent pas les mêmes éléments d'harmonie. Leur activité n'est pas également pondérée, de telle sorte que chacune à son tour doive éprouver les mêmes alternatives de commandement et d'obéissance. Loin de là, la sensibilité est subordonnée à la raison, qui est seule investie du pouvoir directeur, et dont la souveraineté doit être absolue. Telle est l'organisation morale de l'homme, non telle que l'a rêvée l'imagination vagabonde de Fourier, mais telle que la révèlent les observations de la plus vulgaire psychologie, et on peut ajouter, de l'expérience individuelle du premier venu. En faut-il davantage pour démontrer tout ce que présente d'inexact, de fantastique, l'assimilation que le chef de l'école sociétaire a prise pour base de son ingénieux système ? Que peut-on sérieusement attendre de l'application d'une doctrine fondée sur la négation d'une des faces de notre double nature ?

Mais supposons que la raison n'existe pas dans l'homme, ou du moins que sa souveraineté ne soit, pour nous servir des expressions de Fourier en parlant des institutions civiles, qu'une invention de sophistes, il restera toujours dans l'homme un dualisme que personne ne saurait nier : la passion et la faculté de se déterminer en conséquence de l'état passionné, et de choisir entre deux mobiles qui nous sollicitent. Or, cette faculté d'opter entre deux mobiles, abstraction faite de leur valeur, de leur intensité, constituera toujours une différence essentielle entre la nature humaine et la nature physique, et poussera toujours à l'absurde tout système sociétaire qui déduira logiquement les conséquences de prémisses aussi défectueuses.

C'est pour s'être laissé égarer par une analogie vicieuse que Fourier a été conduit à mutiler l'homme, à ne pas tenir compte de ses idées morales, à opérer sur lui comme un mécanicien sur des forces brutes et aveugles. Car c'est, en définitive, à cet état ignominieux de matière organique intelligente, mais non libre, que l'humanité serait réduite par la réalisation des conceptions sociétaires. Il arriverait peut-être qu'on y établirait, à force de combinaisons savantes et de procédés machinaux, une sorte d'harmonie préférable, sous le rapport du fonctionnement, au désordre matériel du monde civilisé; mais ce n'est pas la destinée de l'homme sur cette terre de placer le souverain bien dans l'absence de la douleur et dans la satisfaction de tous les besoins corporels. Le bien-être des animaux ne saurait constituer la fin de notre existence, et cependant, si le régime inventé par Fourier venait à recevoir son application, nous n'hésiterions pas à le déclarer avec Fichte :

« L'homme deviendrait un animal privé de raison; il y aurait
« une nouvelle espèce d'animaux, il n'y aurait plus d'hommes. »

Nous terminerons donc en répétant les paroles d'un philosophe profond, qui a jugé le fouriérisme avec toute l'autorité d'une haute raison et d'une longue expérience psychologique :

« Le problème social n'est point de mettre chacun à même

« de satisfaire absolument l'appétit du bonheur, mais d'abord
« de trouver le moyen de moraliser l'homme, c'est-à-dire de
« lui inspirer un profond respect pour la justice ; et ensuite,
« ou en même temps, ce qui vaut encore mieux, de le rendre
« aussi heureux que possible dans les limites de l'honnête. Le
« reste n'est que libertinage. Sans doute on peut chercher à
« moraliser par l'industrie ; mais il faut prendre garde de
« n'obtenir par là qu'une moralité mécanique, sans idées, sans
« principes ; moralité morte, puisqu'elle n'est qu'un résultat
« auquel la raison, seul principe moral, n'a pas eu de part.
« Pourquoi notre siècle n'a-t-il qu'un culte, celui de l'or, si ce
« n'est déjà parce que toutes les facultés se tournent générale-
« ment vers la matière ; que l'homme oublie sa destinée morale,
« et ne songe qu'à la vie animale ? Mais qu'arriverait-il si, non
« content de voir l'homme dans le préjugé, l'indifférence, ou
« même l'ignorance morale, on lui rendait odieux tout prin-
« cipe d'honnêteté ; si l'on augmentait l'ardeur des passions
« d'un côté, en même temps qu'on affaiblirait de l'autre l'au-
« torité de la raison ; si les passions exaltées, furieuses, croyaient
« pouvoir se déchaîner sans mesure, comptant sur une pâture
« assurée, et qu'il fût impossible cependant de les satisfaire ?
« Or, nous craignons que le fouriérisme, tel qu'il semble se
« présenter au public, n'ait précisément la triste destinée
« d'aggraver le mal d'un côté, sans pouvoir y apporter de
« l'autre les remèdes qu'il vante si fort ; nous craignons qu'il
« ne démoralise, et qu'il ne puisse tenir les brillantes pro-
« messes qu'il fait à la sensualité. Il les tiendrait, que ce serait
« peut-être encore un mal, puisque l'homme serait tombé à la

« condition d'une brute intelligente, mais non raisonnable ; il
« serait heureux d'un bonheur physique ; il aurait trouvé l'art
« de s'engraisser comme l'animal immonde dont la chair con-
« tribue à le nourrir ; mais il aurait aussi trouvé le fatal secret
« de s'avilir dans la sensualité la plus raffinée. Périsse ce bien-
« être s'il faut le payer au prix de ce qui fait la grandeur de
« l'homme, la dignité d'être raisonnable ! Mais non : l'homme
« ne sera jamais réduit à ne plus faire aucun usage de sa rai-
« son morale : cette faculté n'est pas moins dans notre nature
« que la passion ; et celle-ci ne sera jamais complètement sa-
« tisfaite dans quelques hommes sans d'horribles froissements
« pour un grand nombre d'autres. Jamais on n'établira sans
« souffrance l'harmonie de la passion et de la raison dans l'in-
« dividu, dans la société. — Jamais non plus on n'établira le
« règne tranquille et absolu de la passion ; jamais le bon-
« heur parfait ne sera la conséquence d'une semblable tenta-
« tive. » (1)

Ces objections puissantes avaient déjà sans doute été en-
trevues par les disciples de Fourier, par ceux du moins qui
sont parvenus à fonder une école et à populariser le principe
de l'association. Mais, ainsi que nous le disions plus haut,
ils ont dépouillé le système de tous ses accessoires métaphy-
siques, cosmologiques et moraux, et ils se sont bornés à prê-
cher l'application des principes sociétaires à l'industrie et à
l'agriculture, laissant dans l'ombre la nouvelle organisation
de la famille ; en un mot, ils ont mis leur drapeau dans leur

(1) V. *Esprit de Révolte*, p. 282-4.

poche et pris du fouriérisme les propositions les plus incontestables , pour en former la base de leur enseignement périodique. Telle a été aussi la méthode suivie par le chef actuel de l'école, M. Victor Considérant, dans les leçons inoffensives qu'il a données au public lyonnais. Comme un médecin habile cache au malade les rigueurs du traitement qu'il se propose d'employer, de même l'apôtre du sociantisme s'est borné à conseiller une réforme dont les conservateurs les plus susceptibles n'auraient su s'offenser. Il ne s'agissait que d'employer sur une plus grande échelle les procédés que le plus simple bon sens a suggérés aux cultivateurs, aux capitalistes, aux commerçants, qui tous ont cherché, dans l'association, soit des moyens d'exploitation moins coûteux et plus puissants , soit des garanties contre les ravages de la guerre ou du feu, soit des leviers destinés à doubler l'abondance des capitaux en les multipliant par la circulation des valeurs nominales. Qui aurait pu s'alarmer d'innovations de ce genre ? Le caractère anodin et candide des projets développés par M. Victor Considérant était de nature à inspirer aux esprits la sécurité la plus parfaite. Quoi de plus séduisant et de plus innocent, en effet, que la description de ce phalanstère, plus élégant dans sa simplicité agricole que les palais des rois, plus commode et plus sain que les plus délicieuses résidences , où l'on trouve à son gré la société et la solitude; de ce phalanstère entouré d'une campagne magnifique dont les murs et les haies n'interceptent pas la perspective, et dont la fécondité est décuplée par une exploitation en commun, qui permet d'approprier avec la plus complète latitude la nature des assolements , en même temps que les distinctions du *tien* et du *mien*, reléguées au chapitre de la répartition ultérieure, en attendant qu'on les fasse disparaître pour toujours de la société fouriériste parvenue à son apogée.

Eh bien ! Messieurs, la réalisation du système nouveau a été essayée, telle du moins que les disciples de Fourier la demandaient dans leurs prédications (1). Un phalanstère a été créé dans un des plus beaux départements de la France, non loin de la capitale, et, malgré les conditions de prospérité les plus favorables, l'association industrielle agricole n'a pas tardé à se dissoudre. Tant il est vrai que les plus belles conceptions de l'esprit, si elles ne reposent pas sur une étude exacte et sincère de la nature humaine, s'évanouissent tout-à-coup quand arrive l'épreuve critique de l'expérimentation matérielle ! Telle sera, n'en doutez pas, la destinée des essais à venir. Si jamais le système sociétaire, à l'aide de trompeuses promesses, parvient à se réaliser, il se brisera bientôt contre la constitution morale de l'homme, pour n'avoir pas fait acception de sa double nature, pour avoir enfin voulu faire de l'homme un animal intelligent.

(1) Voir le rapport fait par M. Villermé à l'Académie des sciences morales et politiques sur l'établissement sociétaire essayé à Houdan (Seine-et-Oise), *Revue de Législation et de Jurisprudence*, 1840, p. 153-7.

FIN.